青少年励志漫画书
世界上最神奇的 24 堂课

张新国　编著　张博轩　绘

中国言实出版社

图书在版编目（CIP）数据

世界上最神奇的24堂课 / 张新国编著；张博轩绘.

北京：中国言实出版社, 2024.6. —— (青少年励志漫画书). —— ISBN 978-7-5171-4849-4

Ⅰ. B848.4-49

中国国家版本馆CIP数据核字第20244PM975号

青少年励志漫画书——世界上最神奇的24堂课

责任编辑：佟贵兆
责任校对：张国旗

出版发行：中国言实出版社
　　地　　址：北京市朝阳区北苑路180号加利大厦5号楼105室
　　邮　　编：100101
　　编辑部：北京市海淀区花园北路35号院9号楼302室
　　邮　　编：100033
　　电　　话：010-64924853（总编室）　　010-64924716（发行部）
　　网　　址：www.zgyscbs.cn　　电子邮箱：zgyscbs@263.net

经　　销：新华书店
印　　刷：涿州市荣升新创印刷有限公司
版　　次：2024年10月第1版　　2024年10月第1次印刷
规　　格：710毫米×1000毫米　　1/16　　10印张
字　　数：100千字

定　　价：49.80元
书　　号：ISBN 978-7-5171-4849-4

目录
contents

1 内在的世界，巨大的力量

消极思想会给我们带来

疾患、悲伤、恐惧……

为什么我总是很失败……

为什么倒霉的总是我？

心里总是乱糟糟的，干什么都心不在焉。

一定是我不够努力。

第一课 内在的世界，巨大的力量

图 说

两个大铁笼里，关着两只老虎。

老虎甲撞笼子、咬铁栏杆、摇晃笼子……

嘤嘤嘤……我怎么知道!

等我想想哈……

老虎乙在笼子里摸来摸去,突然摸到插销,并拨开了。

!?

诶嘿! 这不就出来了?

……

撞得满头是包的老虎甲目瞪口呆。

?

能跑出铁笼的老虎,并不是用的什么特殊的方法,它靠的就是对内心世界的梳理:在身处困境时,保持内心的冷静,做出理智的思考和判断,最后靠自己找到了跑出去的办法。

心 理 弱 点

我长得不好看，永远不会成为焦点。

这方面是我的短板，我总是做不好。

我身体不好，无法做很多事情。

心 理 分 析

很多实践证明，积极的心态很重要。我们的思想主导着我们的行动。积极的思想可以让事情往好的方向发展。每一个渴望进步的人，内在世界会产生希望、热情、自信等品质完善自己的精神世界，从而指导自己获得非凡的能力，让梦想成真。

纠 错 与 总 结

1. 内在世界的不和谐，使我们变得悲观、不再进取，这种不良的心理状态会带来外在世界的痛苦。

2. 消极思想会给我们带来疾患、悲伤、恐惧……这是由错误的思维方式带来的，会对我们现实世界带来破坏。

思 维 课 堂

我们通过潜意识建立与内在世界的连结。太阳神经丛是这种潜意识的器官，交感神经系统操控着各种主观感觉，如愉快、恐惧、依恋、喜好、渴望、想象等。我们与内、外世界的联系，就取决于这两大神经系统的协调以及各自功能的运用。

认识到了这一点，就有利于我们把主观和客观协调一致，从而协调地发展；同时，我们就不会在面对各种外界的变化时茫然无措，我们知道未来是否成功的根本在于我们自己。

2 习惯的策源地——潜意识

要认识到**潜意识**中蕴含的巨大能量。

场景二

这个时间喝咖啡，晚上睡着了一定会醒过来。

主人今天晚上要保持清醒。

晚上三点，果然醒了。

开始安静地看书。

忽然被人从后面撞了一下。

"#！@#￥"

第二课 习惯的策源地——潜意识

图　说

在我还是个蛋的时候，妈妈就遗弃我了。

有一只海龟四脚朝天地自怨自艾。

大自然的馈赠！

海鸥、鹈鹕和虎头蟹都想杀害我。

11

我真是太难了！

海龟对出生之后的遭遇，充满埋怨、焦虑不安，几乎要窒息了。

给了它木棍和石头，海龟发现，原来借助木棍或石头它就可以翻身了。

人在跌落人生低谷或被情绪困扰的时候，往往会像这只海龟一样，在潜意识里翻出过去不好的经历，然后深陷坏情绪之中。

心 理 弱 点

①

我的命太苦了，永远都不会过上好日子。

②

这条路太黑、太可怕了，我不敢走过去。

③

那所大学的分数线太高了，我肯定考不上。

心 理 分 析

　　显意识是我们的意志力和意志力所产生结果的动力源，具有分辨、鉴别、选择等能力。潜意识是我们为人处世的原则以及对未来设想的源头。潜意识从不判断它所接受的信息是正确的还是错误的，更不会在信息是正确的前提下引导行为。

纠 错 与 总 结

1. **要认识到潜意识中蕴含的巨大能量，** 并且相信，你可以开发你的潜意识，能够使其和你的生命力量结合，发挥更大的威力。

2. **一旦了解潜意识的运行规则，** 并很好地利用它，就能驾驭各种各样的困难局面。

思 维 课 堂

从物质的层面说，潜意识是维护生命的需要，在大脑正常运转中发挥着十分重要的作用。

从精神的层面讲，潜意识具有记忆储蓄功能，如同巨大无比的仓库或者银行，可以存储人生所有的认知和思想感情，而且有助于发展人的智力，使人的思维更加敏捷，精力更为集中，甚至能够激发人的创造力。

从心灵的层面看，潜意识是理想、抱负和想象的源泉，能够激发我们的内在力量。

3 产生恐惧是因为自己不够强大

勇敢跨越前进道路上怀疑与犹豫的鸿沟，没有什么能够阻挡成功。

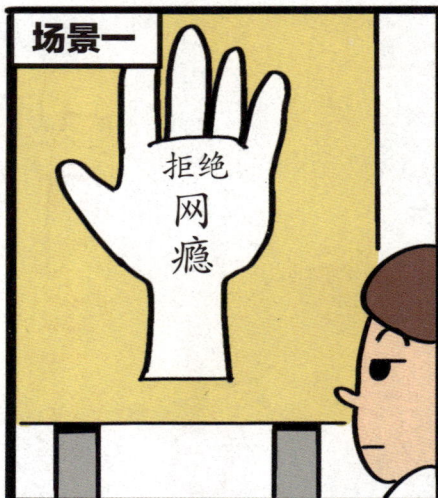

第三课 产生恐惧是因为自己不够强大

图说

　　1940年10月，贝利出生于巴西吉拉斯州的一个小镇。在巴西，男孩子要做的第一件事就是踢球。

　　贝利很小的时候便和小伙伴们玩起了足球（当然是光着脚踢）。

球坏了，怎么办？

我们做一个！

　　没有足球，就找一只大袜子，用旧报纸、破布塞成一个球形，用绳子扎紧袜子口当作足球。

有件东西当球踢，这是多么快乐的事啊！

7 岁那年，贝利的姑姑送给他一双半新的皮鞋，鞋子成了他的宝贝。

我只是想知道穿着鞋，踢球是什么滋味……

有一天他穿着鞋踢球，结果鞋子踢坏了，为此还挨了妈妈的罚。

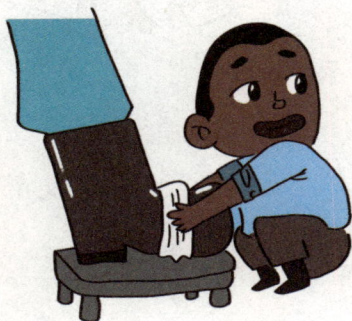

也就是从 7 岁起，贝利经常去体育场，一边看球，一边替观众擦鞋。

他的球技在这日复一日的磨炼中已经让许多大人刮目相看了。

喔，那就是贝利！

许多人把外界的困难看得过于严重，认为没有条件实现自己的理想。想想贝利光脚踢球的日子，我们还有什么困难不能克服的呢？

心 理 弱 点

① 无聊 空虚

每天都不知道做什么，做了也做不好，人生没有意义。

这知识它不进脑子啊！我怎么才能学会呢？我是不是要找人帮帮我？

②

③

这事太难了，我放弃了，看到就害怕。

心 理 分 析

　　当太阳丛系统失灵，功能紊乱时，人就处于情绪低迷状态，对一切都提不起兴致，通往身体各个部位的生命和能量也就中止，这就是产生失败的主要原因。在困难面前，你只需要简简单单地说出你所想要的，而不是你如何去实现它。产生恐惧是因为自己不够强大，是因为对自己缺乏信心。

1. **拥有太阳的人，他们的心态期许着他们的成功**；他们将障碍砸得粉碎，跨越他们前进道路上的怀疑与犹豫的鸿沟，没有什么能阻挡他们成功。

2. **当你渴望得到帮助时**，不要第一时间就向外界求助，记住，你自己才是力量的源泉，没有谁比你更了解自己。

当客观想法被认为是正确的，就会被传递到潜意识系统，或是主观意识当中，成为我们生命的一部分，然后再作为事实传递给外界。当到达主观意识之后，这些想法就对推理论辩产生免疫力了，不再受其影响。潜意识不能进行推理，它只是执行，它对客观想法的结论全盘接受。

4 你可以成为任何一类人

不能有**意识**地迅速而完全放松的人，不能算自己的主人。

春天播种，秋天收获。

种瓜得瓜，种豆得豆。

喜欢唱歌……

学的却是画画。

每天都很痛苦。

明明足球踢得很好……

都说女孩子要淑女一点……只能去学跳舞。

第四课　你可以成为任何一类人

图说

四岁女孩很自卑，发型师却对她说："我告诉你，你很美。"

我好难看。

不许这么讲，你应该说，我真漂亮。你超漂亮的，听到了吗？你有超可爱的小酒窝，你特别可爱的。

听到这些话的小姑娘哭了，趴在发型师的怀里哭得很伤心。

你那么漂亮，你有漂亮的巧克力肤色，我怎么说的，有几个人有两个酒窝？没几个！不哭，你是漂亮的小姑娘，你长大以后可以成为任何你喜欢的样子，你可以是最好的美甲师，最好的律师、医生、老师，只要你想都可能实现，成为最好的演说家、最好的企业管理者。

① 我想成为一名歌手，但是同学都嘲笑我五音不全。

② 天赋值：0

我没有想法，只能做不喜欢的事情。

③ 我能做好这件事，但是太辛苦了，已经快结尾了，糊弄糊弄得了。

心 理 分 析

　　在最大程度上把注意力集中到任何一个主题上，不让自己精疲力竭，敏捷地消除一些游移不定的想法，不在无益的目标上浪费时间或金钱，才是最明智的做法。你不能给予别人你没有的东西。如果我们软弱无力，也就无法帮助他人，如果我们希望对他人有所帮助，我们首先自己要拥有能量，先让自己变得富有。

纠 错 与 总 结

1. 你可以成为任何一类人， 因为所有的个人特征、怪癖、习惯和性格特点都潜藏在你的身体里，这些都是你以前思维方式的产物，它们和你的"自我"并没有真正的关联。

2. 当我们开始做某事， 但不把它完成的话，或是作了某项决定却并不坚守的话，我们就形成了失败的习惯——彻头彻尾的、可耻的失败。

思 维 课 堂

　　精神活动是在头脑和思维中完成的，属于内在世界；而一切环境和景况，都是由内在世界产生的。

　　精神和肉体一样，会操劳过度，也会感觉倦怠。如果精神产生倦怠，就会停滞不前，这样就无法再进行一些更重要的实现意识力量的工作了，所以我们应当经常寻求适时的"寂静"，让自己的精神休息一下。

27

5 专注的力量

利益

我们存在的**法则**决定了我们的
信念和目的。

放大镜晃来晃去，光点不断移动。

小草安然无恙。

放大镜专注一个点聚光。

把小草烧冒烟。

看书的时候东张西望，什么也没记住。

想考第一！

考不好怕被人嘲笑！

怕不会的题太多。

怕自己学不会。

第五课　专注的力量

图　说

戴森一家人居住在一个满是尘土的农舍里，家里有一台破旧的胡佛牌真空吸尘器。有一天，这台吸尘器又坏了，喜欢钻研的戴森决定自己动手修理。

拆开吸尘器后他发现，他遇到的是自吸尘器1908年问世以来就未解决的简单问题：当集尘袋塞满脏东西后，就会堵住进气孔，切断吸力。

一开始，戴森研制了几百个模型后都没有成功。

但戴森意志坚定、永不言输，用 5 年的时间，在研制了 5127 个模型后，发明了不需集尘袋的双气旋真空吸尘器，引发了真空吸尘器市场的革命。

双气旋真空吸尘器

心 理 弱 点

①

我总是担心会发生什么意外阻断我前进的脚步，每天都很焦虑。

只要能成功，我能克服一切困难。

②

③

成功太简单了，只要专注精力就好了。

心 理 分 析

　　人生所有的痛苦无非两种：肉体上的病痛和精神上的焦虑，往往是由某些违反自然法则的行为导致。这种违背，其实是由我们有限的认识所造成的。　成功伴随着这样一种崇高的道德理念——"为最多的人谋求最大的利益"。我们一旦侵犯了他人的权利，就会成为道德的绊脚石，在前进的过程中磕碰不断。　随便的目标不能吸引全部的注意力，只有锁定有价值的目标，让意念集中在一件事上，才能成功。

特征 怪癖 习惯 性格

1. 一旦我们勇敢坚定、乐观向上，主动同一切不良不利的观念作斗争，主动摒弃或改造它们，长此以往，我们留下的精神材质绝对上乘。

2. 我们一旦侵犯了他人的权利，就会成为道德的绊脚石，在前进的过程中磕碰不断。

思 维 课 堂

我们的每个想法，都具有推动脑细胞活动的能量。起初，脑细胞中的相应物质不会轻易接受这种想法，只有当这一想法精确、集中到让这种物质屈服，才会被回馈，从而淋漓尽致地被表达出来。

当你越是专注地对待一件事情，结果就越会超乎你的想象。因此，对于那些希望获得成功的人而言，如何培养意念集中应该是他首要的功课，也是他通往幸福之旅的必备条件。

6 和谐的思想

酿出美好的结果

想象力是一切伟大事物诞生的摇篮。

场景一

态度不同结果也不同！

托马斯·卡莱尔，苏格兰哲学家，憎恨一切，总是很烦躁。

爱默生，美国作家，热爱一切好东西，一生如宁静和谐的交响乐。

场景二

种下一颗种子，浇水、施肥……

开出一朵美丽的花；

浇开水、喂薯片……

小苗死了。

第六课 和谐的思想酿出美好的结果

图 说

蔺相如在渑池之会上又立了功。赵王封蔺相如为上卿，职位比廉颇高。

我廉颇攻无不克，战无不胜，立下许多大功。

他蔺相如有什么能耐，就靠一张嘴，反而爬到我头上去了。我要是碰见他，得给他个下不了台！

有一天，蔺相如坐车出去，远远看见廉颇骑着高头大马过来了，他赶紧叫车夫把车往回赶。

蔺相如手下的人问他为什么这样做，他说："秦王不敢进攻赵国，是因为武有廉颇，文有蔺相如。如果我们俩闹不和，就会削弱赵国的力量，秦国必然乘机来打我们。"

蔺相如的话传到了廉颇的耳朵里。廉颇认识到了自己的错误，到蔺相如门上请罪。从此以后，他们俩成了好朋友，同心协力保卫赵国，赵国越来越强大。

心 理 弱 点

①

我天天锻炼，每天喝8杯水，要有强健的体魄。

思想的力量十分强大，不要整天做白日梦。

②

③

精神力量很重要，要保持专注，不胡思乱想就可以成功。

心 理 分 析

　　思想是推动实现理想必需的材料，而想象力正是一切伟大事物诞生的母体。我们身体的肌腱需要加强锻炼，才能变得更加结实健美。精神的臂力也需要锻炼，需要营养，否则无法成长。

纠错与总结

1. **每个人都可以让自己的思想天马行空，自由驰骋，**但所有持久的想法都会在个人的性格、健康和外在环境中产生相应的结果，这是一切想法产生的结果必然遵从的一条不变的定律。

2. **学会关上你的大门，**不要让任何不能给你的未来带来明显益处的东西进入你的心灵、你的工作、你的世界。

思维课堂

　　影片导演如果找不到优秀出色的剧本，他也就拍摄不出什么良好票房收入的影片，而这关键的剧本则是来自于想象力。如果把未来比作一件衣服，那么想象力则能够起到积聚原材料的作用，而心灵的作用是把材料编织成衣裳，而我们的未来，就是从这样的理想中浮现出来的。可以说，想象力的培养，有助于引发理想的产生。

7 改变我们自己

真理

如果一个人与伟大的理念、伟大的事业、伟大的自然物、伟大的人朝夕相处。

场景一

我需要完整、完美、强大、有力、热爱、和谐而幸福！

只喊口号，从不改变自己。

Z Z Z

场景二

想要得冠军

但是不敢说出来

只是默默地想，也没有付诸行动。

场景三

对着一面镜子笑，镜子也笑。

对着一面镜子哭，镜子还在笑。

怎么回事？

第七课　改变我们自己

图　说

　　甲家和乙家是邻居，他们分别都让自己的儿子打扫院子。甲家的院子很干净，可乙家的院子落满树叶，所以乙家的孩子经常挨打。

你家没有风吗？

有啊！

风会把树上的叶子吹掉吗？

当然会啊！

　　于是乙家的孩子就跑去问甲家的孩子："那你是怎么把院子打扫干净的呢？"

我不能改变风，也不能改变树上会掉落树叶，但我可以让自己变得勤快些。

一看到有树叶落下就立即清扫，这样院子就干净了。

心 理 弱 点

①

我天生就是这个个性，已经无法改变了。

我身边的人都很有理想，也有干劲儿，我实在是学不来。

②

③

不管对不对，做就行了！我这么聪明，只要坚持一定会成功的！

心 理 分 析

　　世事无法尽如人意，人们都有美好的愿望，但要实现它却往往是步步受阻。近朱者赤，近墨者黑，人和事是可以相互影响渗透的。如果思想是建立在错误的前提之上的话，再聪明的人也会迷失在谬误的丛林里。

纠 错 与 总 结

勇气

畏惧

1. 并非所有性格都是天生的，更多的是持续努力的结果。用勇气、能力、自强、自信的念头，取代那些无助、畏怯、匮乏、迟疑的想法。

2. 如果一个人与伟大的理念、伟大的事业、伟大的自然物、伟大的人朝夕相处，那么他就会在潜移默化中受到鼓舞，思想也会变得深邃。

思 维 课 堂

　　根据科学研究，所有人都只有11个月的年龄，因为人类的肉体每隔11个月都会重塑一次，11个月是一个周期。如果我们年复一年地把缺陷植入我们的身体，那可就怪不得别人了，只能从我们自己身上找原因。

8 命运要靠自己主宰

一生中真正需要**斗争**和**征**服的只有自己。

场景一

失败

场景二

为一件事努力之后并没有成功，便丧失了信心。

为什么倒霉的总是我？

第八课　命运要靠自己主宰

在《呼啸山庄》中，主人公希斯克利夫的恋人凯瑟琳嫌弃他穷困粗犷，选择了与温文尔雅的埃德加结婚。

希斯克利夫因此大受打击，不顾倾盆大雨，连夜逃离呼啸山庄。

三年后，希斯克利夫事业有成，从不修边幅的穷小子，蜕变成彬彬有礼的绅士。

他想和凯瑟琳重修旧情，但凯瑟琳却在痛苦的感情煎熬中疯了，不久后便不幸离世。

他埋怨凯瑟琳喜新厌旧，更怨恨埃德加横刀夺爱。

只要我活着一天，你们就别想安宁。

在凯瑟琳死后，希斯克利夫试图报复折磨所有人，同时也被笼罩在往事的阴影中，最终郁郁寡欢地结束了自己的一生。

有句话说得很好："世上哪有过不去的坎，只有放不下的自己。"

人生在世，难免遭遇坎坷挫折，面对过往的伤害，我们原本可以选择放下，却因为执念，让自己越陷越深。我们以为报复了别人，就能抚平内心的苦楚，可在冤冤相报中，自己却早已伤痕累累、千疮百孔。

心 理 弱 点

①

我这次能成功真是太幸运了！

哎，这次比赛本来可以赢的，都怪别人抢走了我的好运气。

② 运气

③

能欣赏我敏感心灵的人真是太难找了，孤独终老算了。

心 理 分 析

任何事情的发生都有一个明确的原因，看到别人成就的同时，也要想想他为之付出的汗水与艰辛。当你如愿地赢得了胜利，你也要清楚自己为什么会成功。把每一个问题都分析透彻，并能充分恰当地做好自己应该做到的事。你将因此得到这个世界最丰厚的回报。

纠 错 与 总 结

因果

1. 要学会不偏不倚地思考问题，这样，在任何困难面前你都可以通过控制事件的原因来控制局面。

2. 一切环境和境遇都是我们思想的客观形式，思想只有在正向精神的温床上才能茁壮地成长。

思 维 课 堂

　　宇宙由无数个个体组成，这些个体精神联系结合在一起构成了宇宙精神，即宇宙的灵魂。所以，个体化的宇宙精神，也在影响着我们的生存环境。

　　作为个体的我们，唯一的使命就是创造完美无缺的理想。

9 万事万物都有规律可循

原因

人的一生漫长而复杂，其实不过是由一长串的**链条**组成。

场景一

场景二

第九课 万事万物都有规律可循

图 说

一百多年以前，凯巴伯森林一片葱绿，生机勃勃。小鸟在枝头歌唱，活泼而美丽的鹿在林间嬉戏。但鹿群的后面，常常跟着贪婪而凶残的狼，它们总在寻找机会对鹿下毒手。那时森林里大约有四千只鹿，人们要时刻提防狼的暗算。

当地居民恨透了狼。他们组成了狩猎队，到森林中捕杀狼。枪声打破了大森林的宁静。在青烟袅袅的枪口下，狼一个跟着一个地倒在血泊中。凯巴伯森林的枪声响了25年，狼与其他一些鹿的天敌大量被杀掉。

凯巴森林从此成了鹿的王国。灌木、小树、嫩枝、树皮……一切能吃得到的绿色植物，都被饥饿的鹿吃光了。疾病像妖魔的影子一样在鹿群中游荡。仅仅两个冬天，鹿就死去了六万只。

人们做梦也不会想到，他们捕杀的狼，居然是森林和鹿群的"功臣"。狼吃掉一些鹿，使鹿群不会发展得太快，森林也就不会被破坏得这么惨；同时狼吃掉的多半是病鹿，反倒解除了传染病对鹿群的威胁。而人们特意要保护的鹿，一旦在森林中过多地繁殖，倒成了破坏森林、毁灭自己的"祸首"。

食物链

①

我现在的生活真是惨透了，这根本不是我自己想要的结果。

②

大禹治水的成功是天意！是神仙在帮我们！

心中不好的想法不仅不会带来益处，甚至还会影响到自己的境遇，所有这一切反过来又会成为人们对现状产生抱怨的缘由。地球上的每一个文明，人们都是通过某些过程取得成功，但他们却知其然而不知其所以然，常常为这些结果附加一些神话色彩。

1. **人的一生漫长而复杂**，找到正确的生存法则，人生道路才会更平坦。

2. **无论成功和失败我们都要找到原因**，找出原因的目的就是要探求使结果能够得到实现的规律。

　　归纳法是人类最伟大的发明之一，它是通过对事实的比较得出结论。正是运用这种研究方法，把很多独立的例证进行相互的比较，然后从中找出引发事件的共同原因，人类才得以发现了大自然中的许多规律，也正是这些发现，造就了人类历史上划时代的进步。简而言之，归纳推理是一种客观思维的过程。

　　归纳推理有两个要点：一是比较，二是找共同点，掌握了这两点就可以得心应手地运用这一方法了。

10

集中你的能量，专注你的思考

理想不是衣服，可以今天换一件，明天换一件。

全浪费了……

观察摄像机的反光镜。

如果没有调好焦距，物体产生的影像就会模糊不清。

而当你调整好焦距，图像就会变得清晰。

第十课 集中你的能量,专注你的思考

图 说

注意力集中到一个小时上要比集中到一年上有效且容易得多。

美国作家西华就是用这种专注法完成了一部部书稿与广播剧本的。

当我开始写一本25万字的书时,心一直定不下,我差点放弃了一直引以为荣的教授尊严,也就是说几乎不想干了。

最后我强迫自己集中精力只去想下一个段落怎么写,而不是下一页,当然更不是下一章。

下一段落

下一段落

下一段落

下一段落

下一段落

下一段落

整整六个月的时间，我除了一段一段不停地写以外什么事情也不做。结果居然写成了。

下一段落

几年前，我接了一件每天写一个广播剧本的差事，到目前为止一共写了 2000 个。如果当时签一张写作 2000 个剧本的合同，一定会被这个庞大的数目吓倒，甚至把它推掉，好在只是写一个剧本，接着又写另一个。

2000

①

财富是世界上最牢靠的东西，拥有了它就拥有了稳定。

一辈子只做一件事太枯燥了，老吃一道菜也会腻啊，所以我要"随心所欲"！

②

心 理 分 析

　　我们所能拥有的、唯一真实的力量，就是调整自己，使之与神圣的永恒原则相协调。专注是一种至高的精神境界，指心无旁骛地做一件事情。为了做到这一点，你必须集中你的精神能量，定位在某一特定的想法上，将一切杂念的干扰排除。

纠 错 与 总 结

1. 金山会在瞬间崩塌，财富也会在一夜间化为乌有。世上唯一可以指靠的就是对思想创造力的实际运用，虽然思想看不到摸不着，但它确实是最值得依靠的。

2. 理想不是衣服，可以今天换一件，明天换一件，后天还要换。如此频繁的更改只会消耗你的力量，让一切变得混乱不堪、毫无意义，后果必将一无所成。

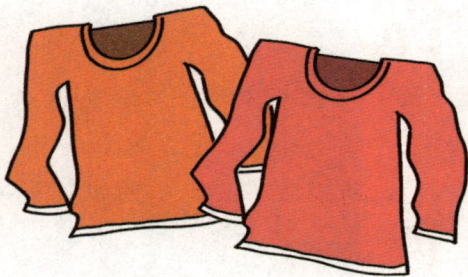

思 维 课 堂

现在，只要你专注于思考，把你的注意力全部投入你的目标上，就会引发你的另外一些与它们相和谐的想法，你很快就能领会到你所关注的这种思想的深刻意义。专注使目标明确，行动坚定，能提高效率，专注更能使你成就非凡。

11 将目标视觉化

视觉化拥有旺盛的生命力，在人们的不断摸索实践中成长起来。

要画竹子。

必先胸有成竹。

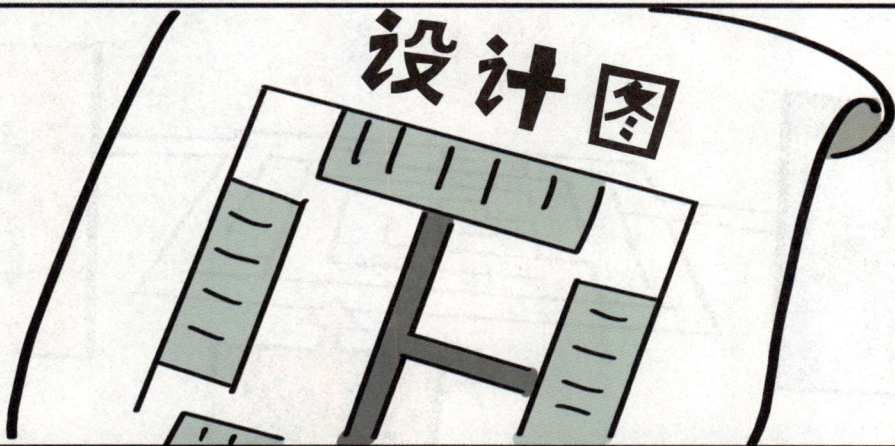

图纸上是小院，盖完了是2层楼。

挖一条沟通向麦田。

结果变成了迷宫。

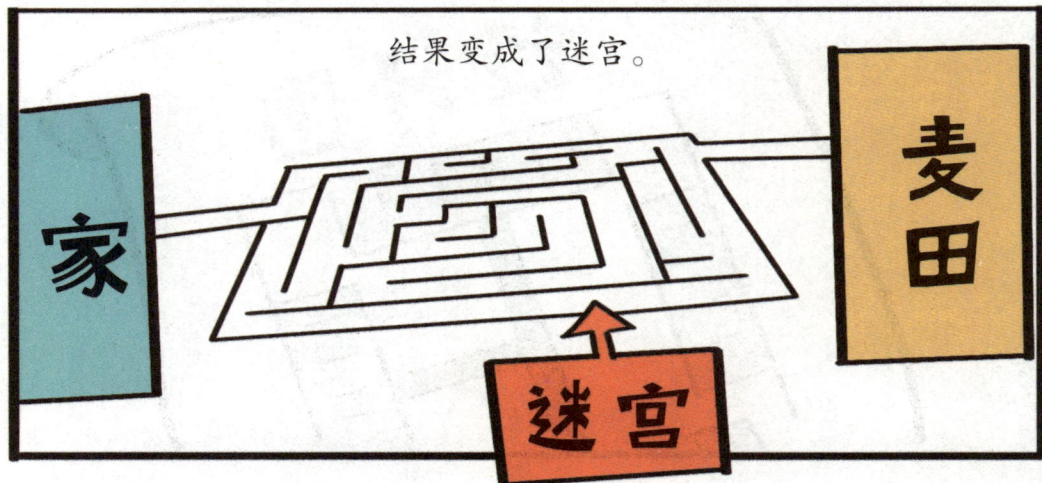

家

麦田

迷宫

第十一课　将目标视觉化

弗里德里克·安德鲁斯从小是一个弱小、萎缩、畸形、跛脚、只能用手和膝盖在地上爬行的孩子。

医生，您看……

不，没有机会了，安德鲁斯太太。我特别研究过这种疾病，我知道他确实没有好起来的希望了。

医生，如果他是您自己的孩子，您会怎样做？

我会一直努力，只要孩子一息尚存，我就要不断战斗下去。

弗里德里克·安德鲁斯的成长过程是一场持久的消耗战，也是一场信念与绝望的对抗赛，使他的母亲在希望与失望之间不断地来回穿梭，但是最终的胜利属于有坚定信念的人。

72

心 理 弱 点

① 我心里已经有大概的规划了，不用重复再想了，那是浪费时间！

心里的图景已经很清晰了，还有几处小细节，等操作的时候再处理。

②

③ 我没有什么想象力，无法绘制什么目标图景。

心 理 分 析

　　大部分人都喜欢创新，讨厌重复，其实重复是十分重要的事。只有不断地在头脑中重复目标图景，它才能够变得清晰无误。在你行动之前，你一定要明确地知道你的目标在哪里，知道你应该朝哪个方向前进，正如同在播撒任何种子以前，你一定要知道将来要收获什么一样。

1. 重复不是无用功，每一次重复的过程都会使图像比先前更加生动立体，而图像清晰准确的程度与它在外在世界中的展示成正比。

2. 千万不要在没考虑清楚的情况下盲目行动，这样会让你离正确的轨道越来越远。

正确

思 维 课 堂

　　人类的思维具有极强的可塑性，可以按照主观意愿将它塑形。要想构造出有价值的产物也需要合适的材料，材料的品质决定了成品的价值。
　　因此，要想构建质量上乘的作品，首先要做的事就是要确保材料的品质。

因果关系 原理在任何情况、任何领域都适用。

第十二课 做有益的精神付出

图 说

风筝实验是美国先贤本杰明·富兰克林的一次关于雷电的实验。

1752 年 6 月的一天，阴云密布，电闪雷鸣，一场暴风雨就要来临了。富兰克林和他的儿子威廉一道，带着上面装有一个金属杆的风筝来到一个空旷地带。富兰克林高举起风筝，他的儿子则拉着风筝线飞跑。由于风大，风筝很快就被放上高空。

刹那，雷电交加，大雨倾盆。富兰克林和他的儿子一道拉着风筝线，父子俩焦急地期待着，此时，刚好一道闪电从风筝上掠过，富兰克林用手靠近风筝上的铁丝，立即掠过一种恐怖的麻木感。

威廉，我被电击了！成功了！成功了！我捉住"天电"了！

随后，他又将风筝线上的电引入莱顿瓶中。回到家里以后，富兰克林用雷电进行了各种电学实验，证明了天上的雷电与人工摩擦产生的电具有完全相同的性质。富兰克林关于天上和人间的电是同一种东西的想法，在他自己的这次实验中得到了光辉的证实。

心 理 弱 点

① 这些现象太神奇了，人力是无法做到的。

② 因果法则是很局限的，只能用于一小部分情况。

③ 科学是很深奥的，我们普通人玩不来。

心 理 分 析

　　我们所生存的星球如此广阔，经常有一些奇怪的、令人无法理解的现象发生。如果我们被吓得退缩，那么这些现象对我们来说就永远是个谜。一切现象的发生都有它们的原因，而这种原因一定是某种固定的法则或原理，不管我们承不承认，其必然是精密准确、始终如一的。科学这个上层建筑很雄伟，它需要扎根在宽阔稳固的基础上。为了更容易地发现事物运行的基本规律，我们应该细心思考任何一件引起我们注意的事实。

科学

异常现象

1．如果我们利用思想的创造力去探究，就会发现其实所有的异常现象都可以用科学来解释。

2．因果关系原理在任何情况、任何领域都适用，一切现象的发生都有它们的原因，而这种原因一定是某种固定的法则或原理，不管我们承不承认，其必然是精密准确、始终如一的。

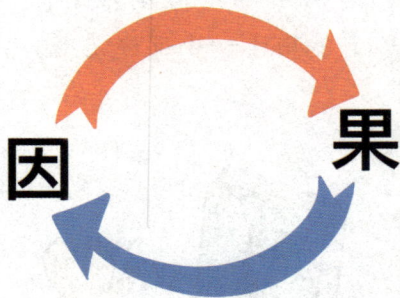

因　果

思 维 课 堂

　　归纳法是建立在推理和经验基础上的科学方法，它破除了迷信、常规与先例。归纳法像手术刀一样切掉了人们头脑中狭隘的偏见、根深蒂固的理论，比使用最锋利的讽喻更加卓有成效。

　　无论是无垠的文学空间，还是严谨的数学国度，不管是包含内涵广阔的社会学，还是细致入微的细胞学。所有的科学领域里都有归纳法留下的足迹，在新时代所赋予的新的观察手段下这种方法也不会过时，照样行之有效。

13

保护你的思想领地

人的思想可以决定人的一生，人终生的写照即是人思想在生命过程中的映射。

想给自己建造住房时，总是周密筹划，密切关注每一个小细节，认真鉴别选用质量上乘的材料。

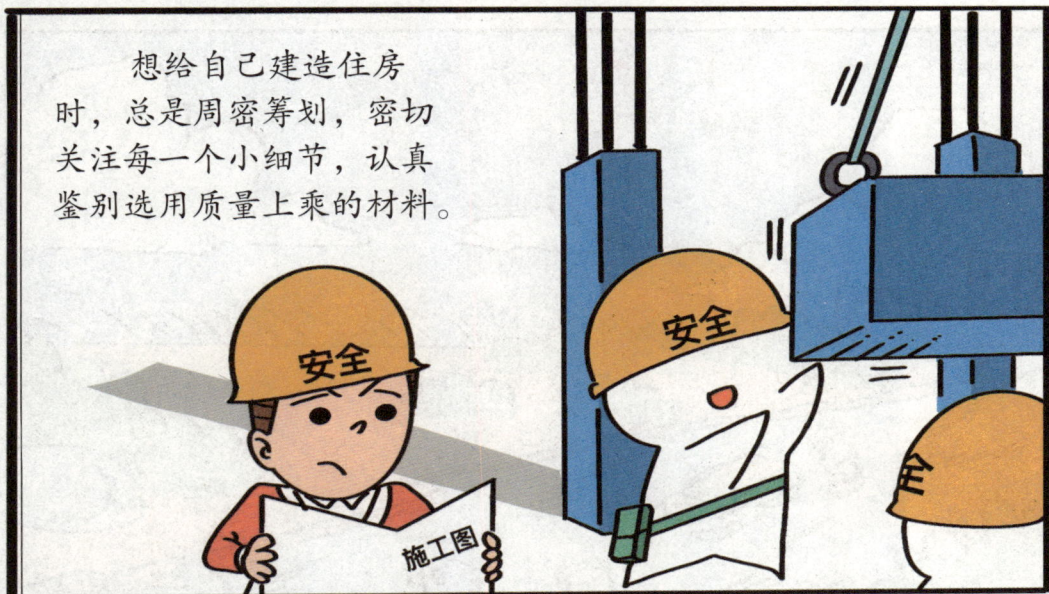

施工图

建造精神房屋的时候不能把愤怒、颓废、悲观都拿来当材料。

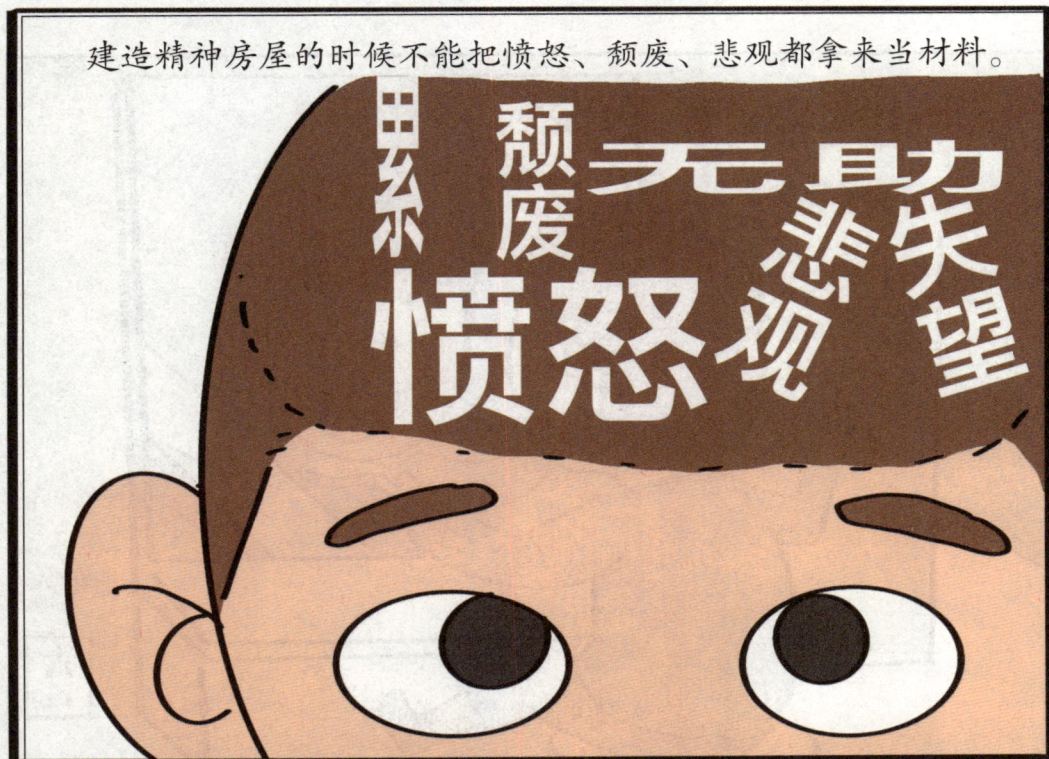

颓废 无助 悲 失 愤怒 观 望

蓝天白云，一片金灿灿的油菜花田，旁边沟里是污水。

生活是一面镜子，你笑它也笑，你哭它也哭。

第十三课　保护你的思想领地

图说

在科罗拉多州朗峰山坡上，躺着一棵大树的残躯。自然学家告诉我们，它曾经有 400 多年的历史。

大树最初发芽的时候，哥伦布才刚在美洲登陆。第一批移民到美国来的时候，它才长了一半大。在它漫长的生命里，曾经被闪电击中过 14 次；400 年来，无数狂风暴雨侵袭过它，它都能战胜它们。

但最后，一小队甲虫攻击这棵树，使它倒在了地上。

冲！

冲！

那些甲虫从根部往里面咬，就只靠它们很小、但持续不断的攻击，渐渐伤了树的元气。这样一棵森林里的巨树，岁月不曾使它枯萎，闪电不曾将它击倒，狂风暴雨没有伤着它，却因一小队可以用大拇指跟食指就捏死的小甲虫而终于倒了下来。

心 理 弱 点

①

有些事情是命中注定的，已经无法改变了。

 ②

我已经尽力了，但就是不知道怎么才能成功。

③

乐观的心态除了能让我看开点儿，没什么别的作用。

心 理 分 析

　　尽管大多数人都已经知晓，错误的思维必将为我们带来错误或失败的结果，但仍有太多人不愿意去尝试用正确的方式去拓展自己的思维，进行更有效而合理的训练。负面的思想一旦形成便不可能在短时间内清除，负面的环境和思想对我们一生会有不良的影响。我们只有在生活中正确地对待并引导潜意识，才能解决出现的各种困难，为顺畅的人生保驾护航。

1. 宇宙无边界。 宇宙本身是一切运动、光、热、色彩的根源，同时它又是一切事物能够产生最终结果的原因所在，我们可以从宇宙物质中寻找到一切力量、智慧与才智。

2. 人的思想可以决定人的一生，人一生的写照即是人思想在生命过程中的映射。人的思想会在无形中改变和重塑着他的外貌、形体、性格，甚至际遇、机缘。

思 维 课 堂

　　身体内的每一个原子中都蕴含着一种能量，而人类自身通过科学方法可以将其改变。

　　当我们了解了这种思维的巨大作用，并且希望通过有效的训练使我们的人生发生改变，就必须排除杂念与其他任何不良的干扰，目的明确，目标专一、反复地认真思考这个决定并持之以恒地推动。

14 成为足够有智慧的人

只有把**眼光**放开，认识到我们
的目标应该是我们需要而缺少的。

根向下延伸或许会遇到困难，但不会阻止成长。

第十四课　成为足够有智慧的人

图　说

　　将一盆生长的植物放入一个房间里，植物上生有许多无翼的蚜虫。

　　如果让这棵植物枯萎，这些小生灵在发现它们赖以繁殖的植物已经死亡之后，它们再也无法从这株植物上获得任何食物和养料。

　　这些无翼蚜虫为了适应改变了的环境，就会变成有翅的昆虫。长出临时性的翅膀，然后飞走，这是它们逃离饥饿、拯救自己的唯一办法，它们也确实这样做了。

　　它们变形后，便离开了这株植物，飞向窗口，沿着玻璃向上爬去，找到缝隙逃生。

心 理 弱 点

①

不想努力了，怎么才能一夜暴富啊?

我好像什么都不缺，不知道自己需要改变什么。

②

③

困难和障碍阻挡了我的发展，我无法获得成功。

心 理 分 析

　　我们每个人都是一个完美的思想实体，这种完美要求我们先给予后索取。把眼光只盯着我们已经拥有的，就不可能看到我们所缺失的。无论是出于本能还是理性，所有生物都会遵循趋利避害的自然法则。

纠 错 与 总 结

1. **付出和收获永远都成正比**，我们为战胜困难而付出多大的努力，就会从中获取多大的永恒力量。不劳而获和劳而无获是不可能发生的。

2. **只有把眼光放开，认识到我们的目标应该是我们需要而缺少的**，就能够有意识地控制我们的外部环境，并从每一次经历中汲取我们进一步生长所需要的养分。

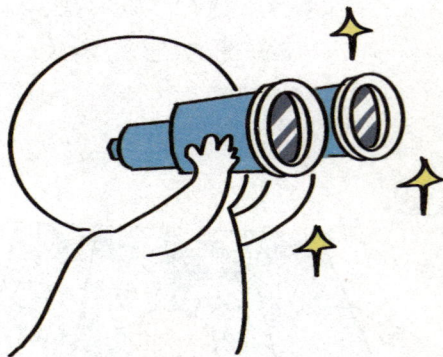

思 维 课 堂

　　我们经历的一切境遇都是为了造就我们，我们付出多大的努力，就会获得多大的力量。自然法则的影响无处不在，如果我们能够自觉地认识并利用自然法则，就会获得最大的幸福和快乐。即便是最小的生命，也能够在紧急关头利用这种力量。

财富不是判断一个人成功与否的唯一标准。

第十五课　思想印记和精神图谱

图　说

窘迫的生活，使洛克菲勒从小就下定决心要努力赚钱，成为"十万富翁"。

目标
100,000
$

在创业挣下了第一桶金后，他发现了石油可以带来巨大收益。

洛克菲勒通过实地考察和分析，抓住时机，在石油价格下跌的时候开办了炼油厂。

由于他的精神图景十分详细、严谨，对石油产业的规划细致、沉着，他的炼油厂越做越大，终于使洛克菲勒成为世界上第一个亿万富翁。

心 理 弱 点

① 我的目的就是赚好多钱，这是我这辈子最大的愿望！

有钱是成功的象征！

② 有钱

③ 想得再好有什么用？现实跟想象不是一回事。

心 理 分 析

　　财富的交换价值在于它是一种媒介，它使我们能够在实现理想的过程中获得有真正价值的东西。成功的人也是那些轻松掌握思维原理与方法的人，一切巨大的财富都来源于这种超然而又真实的精神能量。引力法则的表现就是，我们在外在世界中的种种际遇，都与我们的内在世界相对应。

纠 错 与 总 结

财富

1. **财富是手段，**不是目的。永远不要把财富看作一个终点，而应该把它看成是一条达到终点的途径。

2. **财富不是判断一个人成功与否的标准，**决定一个人真正成功的是要有比积聚财富更为高远的理想。远大理想要比任何财富都更有价值。

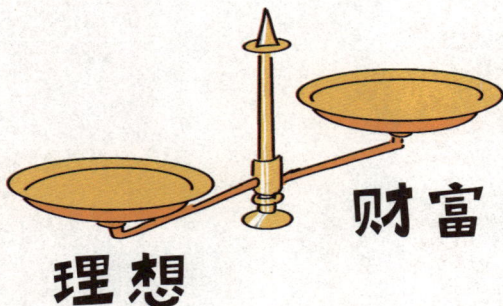

理 想　　财富

思 维 课 堂

思想的结果取决于它的形态、性质和生命力，这三者共同作用决定了思想的性质。思想的形态取决于产生这种思想的精神图谱；精神图谱取决于观念印记的深度、思想的决定性优势、视觉化的清晰度，以及这幅图景的胆识与魄力。

16

渴望中诞生希望

大量的**财富**不过一个数字而已。

场景一

我要挣钱！
挣钱！挣好多钱！

场景二

金牙 →

好演员受人欢迎。

第十六课 渴望中诞生希望

图 说

　　将两只大白鼠丢入一个装了水的器皿中，它们会拼命地挣扎求生，一般维持的时间是 8 分钟左右。

8 分钟

　　然后，在同样的器皿中放入另外两只大白鼠，在它们挣扎了 5 分钟左右的时候，放入一个可以让它们爬出器皿的跳板，这两只大白鼠得以存活。若干天后，再将这对大难不死的大白鼠放入同样的器皿，结果真的令人吃惊：两只大白鼠竟然可以坚持 24 分钟，3 倍于一般情况下能够坚持的时间。

24 分钟

前面的两只大白鼠，因为没有逃生的经验，它们只能凭自己本来的体力来挣扎求生；

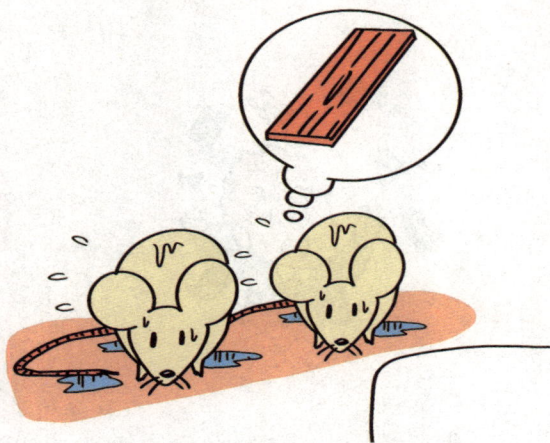

而有过逃生经验的大白鼠却多了一种精神的力量，它们相信在某一个时候，一个跳板会救它们出去，这使得它们能够坚持更长的时间。

这种精神力量，就是积极的心态，或者说是内心对一个好的结果心存希望。

希望就是力量。在很多情形下，希望的力量可能比知识的力量更强大，因为只有在有希望的背景下，知识才能被更好地利用。一个人，即使他一无所有，只要他有希望，他就可能取得成功，而一个人即使拥有许多财富，却不拥有希望，那就可能丧失他已经拥有的一切。

心 理 弱 点

①

谁会嫌钱多呢？我就是想有好多好多钱！

我没有宗教信仰，没有崇拜的偶像。

②

③

心想事成是人们美好的愿望，发生的概率太低了。

心 理 分 析

　　金钱以及其他一些纯粹的力量符号，往往是人们竞相追逐的对象。我们为自己塑造了"财富""权力""时尚""习俗""传统"等偶像，我们"拜倒"在它们脚下，崇拜它们。我们的心灵就像一块磁铁，而求知的渴望就是不可抗拒的磁石，吸引住知识和智慧，并让它们为我所用，一切知识都是这样集中意念的结果。

纠 错 与 总 结

1. **大量的金钱不过一个数字而已**，寻找到了真正的力量之源的人，不再对力量的伪饰或赝品感兴趣了。

2. **把偶像当做精神支点**，从信仰中获取勇气与力量。如果你明白了因果相循，明白了表象不过是本质的外在表现，就不会错把表象当成现实。

思 维 课 堂

　　潜意识是一个常胜将军，他所向披靡，无所不能。当赋予潜意识以行动的力量时，它所能做的事情是没有止境的。如果你的愿望与自然法则和谐一致，潜意识就会解放你的思想，赋予你战无不胜的勇气。你取得何种程度的成就完全取决于你的愿望的动力大小。

17 学会思考，才能学会创造

潜 显

潜意识只是忠实地执行显意识所暗示的东西。

大自然的力量是可怕的、无法逃避的。

抓紧我的斧头!

第十七课 学会思考，才能学会创造

图说

300多年前的一天，伽利略到比萨大教堂做礼拜。悬挂在教堂半空的一盏吊灯被门洞里刮来的风吹得来回摆动。这引起了他的注意。

奇怪，怎么每次摆动的时间都相同呢？

　　为了确切地肯定每次摆动的时间相同，当时在学医的他忽然想到用自己的脉搏测试。

千真万确！

吊灯要是大小不一样。摆的时间会有什么不同？挂吊灯的绳子要是有长有短又会怎样呢？

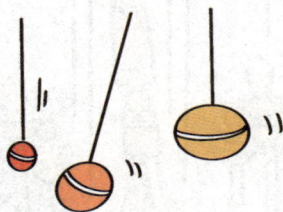

　　回到家，伽利略做起了实验。结果发现摆动的快慢与物体的重量无关，当线长时摆动慢，当线短时摆动快。后来人们根据伽利略的发现，制成了时钟。

心 理 弱 点

①

这是不可能完成的任务!

潜意识能改变我们,显意识就没那么重要了。

 ②

③

精神图景只是个幻想,为我们视觉化目标而已。

心 理 分 析

　　看似不可能完成的任务,正因为在心底他不承认这件事是不可能的。潜意识从显意识那里获得刺激,只有改变显意识的思考,才能在潜意识中获得相应改变。精神图谱直接作用于脑细胞,反过来,脑细胞又作用于整个生命。

纠 错 与 总 结

1. **人们凭借专心致志，**遨游在有穷与无穷、有限与无限、有形与无形、有我与无我的空间，并为他们建立联系，提供了互相转化的可能。

2. **潜意识只是忠实地执行显意识所暗示的东西，**使显意识的思考显得尤为重要。

思 维 课 堂

　　精神化学就是处理物质环境在心智作用下所发生的变化，并通过精确观察和正确的思考来加以检验的科学。

　　必须要有精神，才能表达生命；没有精神，一切都不复存在。人的能力，就在于想要成为一个创造者，而非被造物者。

个体不过是宇宙精神的分
化，它不能脱离整体。

不播种，什么也不会收获。

人类因为思考而站在生物链的顶端。

贫穷和富裕是天生的敌人，内在的富足与外在的富足也是敌人。

第十八课 　 互惠行为

图　说

　　从前，有两个饥饿的人得到了一位长者的恩赐：一根渔竿和一篓鲜活的大鱼。其中，一个人要了鱼，另一个人要了渔竿，然后他们分道扬镳了。得到鱼的人，没过几天就把鱼全部吃光了。不久，他便饿死在了鱼篓旁。

　　另一个得到渔竿的人，还没有走到大海也就饿死了。

　　有两个饥饿的人，他们同样得到长者的恩赐，但他们没像前两个人那样各奔东西，而是商定共同去寻找大海，开始了以捕鱼为生的日子。几年后，他们盖起了自己的房子，有了各自的家庭和子女，有了自己建造的渔船，过上了安定幸福的生活。

①

独行侠

我是独行侠！一个人生活
就够了，世界与我无关！

②

虽然这项工作不是我
的兴趣所在，但是只
要坚持就能成功！

心 理 分 析

　　这世界上的每个人都处于各种各样的社会关系之中，都不是
独立存在的，可能同时扮演着不同的角色。每个人都把做自己喜
欢做的事当作一种享受，而把做自己不喜欢的事视为折磨。思想
其实是看不见的桥梁和纽带，它使个体与外界环境、有限与无限、
有形与无形的领域联系在一起。

1. 个体不过是宇宙精神的分化，它不能脱离整体。一个人的存在，在于他和整体的关系，在于他和其他人的关联，在于他与社会的联系。

2. 注意力集中的动机是兴趣，兴趣越高，注意力越是集中；而注意力越是集中，兴趣就越大，这是作用和反作用的结果。

在精神层面上，同类事物相互吸引，而精神的共鸣只对那些与它们保持和谐一致的行为作出回应，对与它相悖的事物视而不见。

意念集中的程度决定着我们获取知识的能力，而知识不过是力量的代名词。

投机钻营

生活这桩**大买卖**，不应按照
经济的方法来经营。

照片能记录花朵盛开的样子。

却不会解释花为什么会开放。

思想的焦虑无时不在。

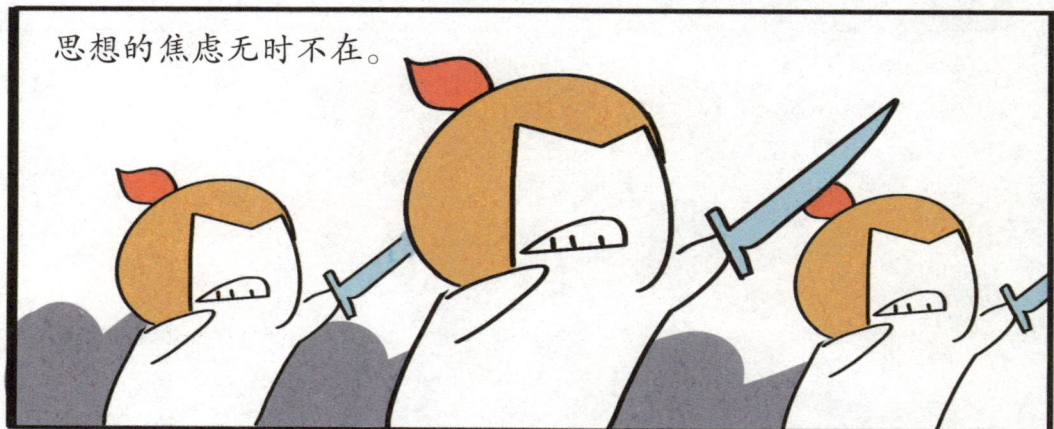

神胜利法的作用。

我是对的

我最棒

我是最好的

你说的不对

债务世袭，每一代人都要工作一辈子还债。

工作 工作 工作

没有结束的那一天。

工作 工作 工作

第十九课　你真的会思考吗

图　说

　　海涅·阿勒 14 岁那年，看电视足球比赛，解说员："有没有人现在能找到一种方法，让任意球的人墙能保持在正确的位置呢？"

　　有一天，他忙完矿井里的工作，在浴室洗澡时，无意中拿起剃须泡沫管，在手臂上喷出了一条线。

　　这不正是自己多年来一直在苦苦寻找的新方法吗？

有了思路，说干就干，但是失败很多次。

（1）（物品为喷雾瓶状）气味难闻，呛得人涕泗横流。

（2）使草坪枯黄一片。

我喷！

成功

海涅毫不气馁，继续探索，最终发明成功。

用29年的执着与坚守去换得28秒，曾经的穷小子海涅凭借自己的发明，如今已成百万富翁。

123

心 理 弱 点

①

有些高级物质比人本身更有价值。

富贵险中求。

②

③

人总有不如意的时候，喝酒休闲一下，对人没有伤害。

心 理 分 析

　　物质的价值取决于对人的价值的认识。试图欺骗生活的人，最终只是欺骗了他自己。醉人的酒精让理性暂时停滞，从而扰乱人的思维和行为，阻碍人们作出正确的判断。

纠 错 与 总 结

1. 任何时候，只要"物比人更有价值"的信条泛滥起来，那么把财富的利益置于人的利益至上的错位现象就出现了，其必然会带来人们不愿意看到的反作用。

2. 生活这桩大买卖，不应按照经济的方法来经营，因为投机和钻营这一套在生活中是行不通的。

投机 钻营

思 维 课 堂

当个人的想法发生改变的时候，集体的想法也会相应地做出调整，如果把这个过程反过来，就会事倍功半，但只要在智力上做很小的努力，就能够轻而易举地把当前的破坏性想法转变为建设性想法，在这样的情形下，环境就会很快改变。

20 你必须发自内心地相信自己

推销巧用暗示，松懈对方的显意识注意力，

每次想戒掉，过不久就会变本加厉地玩手机，永远也不会满足。

我的胳膊好疼，已经抬不起来了，我干不了活儿了，也就挣不到钱，挣不到钱，就治不了胳膊……我的胳膊好疼，没法再干活了……

一颗饱满的种子在石头地上，浇水、施肥，也不会发芽。

第二十课 你必须发自内心地相信自己

图 说

小泽征尔是世界著名的交响乐指挥家。在一次世界优秀指挥家大赛的决赛中，他按照评委会给的乐谱指挥演奏，敏锐地发现了不和谐的声音。起初，他以为是乐队演奏出了错误，就停下来重新演奏，但还是不对。他觉得是乐谱有问题。这时，在场的作曲家和评委会的权威人士坚持说乐谱绝对没有问题，是他错了。面对一大批音乐大师和权威人士，他思考再三，最后斩钉截铁地大声说："不！一定是乐谱错了！"话音刚落，评委席上的评委们立即站起来，报以热烈的掌声，祝贺他大赛夺魁。

原来，这是评委们精心设计的"圈套"，以此来检验指挥家在发现乐谱错误并遭到权威人士"否定"的情况下，能否坚持自己的正确主张。前两位参加决赛的指挥家虽然也发现了错误，但终因随声附和权威们的意见而被淘汰。

小泽征尔却因充满自信而摘取了世界指挥家大赛的桂冠。

心 理 弱 点

① 推销是一种显意识明示，从表面上吸引我们去赞同、去拥有。

显意识和潜意识心智太专业了，只有专家才能进行自我治疗。

②

心 理 分 析

　　伟大的人之所以能发展出不同于一般人理论，就在于他们拥有不同于一般人的伟大思想。推销是对暗示的理解和巧用，是作用于潜意识的。潜意识心智是显意识心智忠实的仆人，显意识心智中产生了"要额外努力修复某种缺陷"的想法时，就要把这个想法传递给潜意识心智，这个仆人就会立即服从指令。

纠 错 与 总 结

1. 推销巧用暗示，松懈对方的显意识注意力，激活并加速他的欲望，直到作出赞同的响应。

2. 即使是小孩子，一旦领会了显意识心智和潜意识心智这个事实，并能正确加以运用，都能成功地进行自我治疗。

思 维 课 堂

　　当我们坚持一种信念，这种信念便进入并控制了我们的心智。一个在贫困中辛苦挣扎的人，只要增强他的信念，就一定能挣脱贫穷的镣铐。

　　暗示的影响力在于它的控制性，必须是一种未受干扰的正面暗示；接受暗示的人必须将其看作生命中固有的，绝非能轻易改变或修正的。

21 你也能拥有一切

思考是精神所拥有的唯一活动。

但也需要挖掘工具。

心想事成，特别幸运！

好事都发生在我身上！

这也太不真实了！

第二十一课 你也能拥有一切

图　说

　　有一位女歌手，第一次登台演出十分紧张。想到自己马上就要上场，面对上千名观众，她的手心都在冒汗，越想她心跳得越快，甚至产生了打退堂鼓的念头。

要是在舞台上一紧张，忘了歌词怎么办？

　　就在这时，一位前辈笑着走过来，将一个纸卷塞到她的手里，轻声说道："这里面写着你要唱的歌词，如果你在台上忘了词，就打开看看。"她握着这张纸条，像握着一根救命的稻草，匆匆上了台。

这里面写着你要唱的歌词，如果你在台上忘了词，就打开看看。

　　有了那个纸卷在手里，她的心里踏实了许多。她在台上发挥得相当好，完全没有失常。

　　前辈说：其实给她的只是一张白纸。

是你自己战胜了自己，找回了自信。其实，我给你的是一张白纸罢了！

我凭着握住一张白纸，竟顺利地渡过了难关，获得了演出的成功。

你握住的这张白纸，并不是一张白纸，而是你的自信啊！

　　歌手感谢了前辈。在以后的人生路上，她就是凭着握住自信，战胜了一个又一个困难，取得了一次又一次成功。

心 理 弱 点

①

精神力量太虚无缥缈了，它的产物太多了，我可驾驭不了。

②

我倒是想成功，但是我周围都是失败的人，没有什么正能量。

③

我想要成功，想要财富，可是没有力量，谁能给我力量呢？

心 理 分 析

　　精神力量是无形的力量，彰显精神力量的唯一方式，就是思考。通过引力法则，你在改变自身的同事，也改变了你的环境、境遇和外部条件。一切力量正如一切软弱一样，源于内在。一切成长都是内心的展开。

纠 错 与 总 结

1. **思考是精神所拥有的唯一活动**，思想是思考的唯一产物，精神力量是自然界中最强大的力量。

2. **你身上充满成功的想法时**，这种想法会辐射到你周围的人，他们反过来又会帮助你前进。

思 维 课 堂

创造力是个体真正的财富之源。因此，一个人如果在他所着手进行的工作中投入全部的身心，那么他的成功是没有止境的。

一切财富都是力量的产物，只有当财富能够得到力量支撑的时候，拥有财富才是有价值的。

22 改变自我的力量

我们做什么，取决于我们是什么，

我们是什么取决于我们习惯性

地想什么。

第二十二课　改变自我的力量

图说

国王旅行归来，满脸痛苦，一瘸一拐。

陛下这是怎么了？

脚好痛！全是碎石路！以后所有的路都必须用牛皮给我铺好！

诶，好像也行！

我有牛皮鞋啦！

……陛下，为何不用一小块牛皮包在自己的脚上呢？

与其改变世界，不如改变自己。

心 理 弱 点

①

改变说起来简单，做起来可不容易，我都不知道要做什么。

②

我的生活经历糟透了，我很着急，但是做了很多努力都没有改善。

③

我不知道怎么创造财富，但是我能轻而易举的竞争过别人，从而得到他们的财富。

心 理 分 析

　　我们做什么，取决于我们是什么，我们是什么取决于我们习惯性地想什么。我们的意图和我们的能力决定了我们的生活轨迹。意图和能力是相平衡的，打破平衡则会引发不理想的生活境遇。要想成功，就必须始终把注意力放在创造性的层面上，它一定不能是竞争性的。

是什么

做什么

1. 在我们"做"什么之前，我们首先必须"是"什么，而在我们"是"什么之前，我们必须控制并引导我们内在的思考力量。

2. 意图把心智引向要实现的理想的方向；能力是将意图变为现实的水平。当前者大于后者，只会诞生空想家，当后者大于前者，就会因急躁产生徒劳无益的行动。

思 维 课 堂

意识有三个层面，它们互相之间存在着巨大的差异。简单意识是所有动物共有的，就是存在感，通过这种意识我们感知形形色色的对象，以及五花八门的场景和状况。

自我意识是所有人类（除了婴儿及智力残障者）共有的，它赋予了我们自省的能力，语言是自我意识的众多结果之一。

23 做一个会创造的人

发现**罕见**的、**非凡**的、未知的事物。

第二十三课　做一个会创造的人

　　乔利·贝朗13岁时，在一个贵族家里当杂工，他包揽了所有的脏活累活。贵妇要乔利把一件礼服熨一下，他一不留意，碰翻了桌子上的煤油灯。那件昂贵的礼服上滴上了几大滴煤油。贵妇人听到这个消息，气急败坏地跑过来大吼。

这件衣服归你了，我要从你的工钱里把衣服钱扣出来。从这天起，你就准备白给我干一年活吧。

　　乔利很无奈，他把让自己倒大霉的衣服挂在床前，时时提醒自己干活时要谨慎。过了些日子，他突然发现，那被煤油浸过的地方不但没脏，反而把原先的污渍除掉了。

于是乔利开始拿衣服做实验。

你此刻把这件衣服给夫人送回去，没准儿她能少扣你些工钱。

不必了，我还要拿它做实验呢。

贝朗干洗

开业

就这样，经过反复的实验，他又在煤油里加入了其他一些化学原料，最后研制出了"干洗剂"。一年之后，乔利开了世界上第一家干洗店，生意越做越红火。

心 理 弱 点

① 创造哪有那么简单？
想得越多，活得越累。

② 如果思考就能创造，
那只思考就行了！

③ 思考就是一些想法，
怎么能创造呢？

心 理 分 析

　　思考是一个创造的过程，思考得越多，不满意的东西就越多，从而引发改变。思考是创造的过程，但创造的成功是善于与现实结合。

纠 错 与 总 结

1. **不满意的东西多了**，就会引发改变，改变是成功的一个前提。

2. **在科学领域**，通过把普通的、常见的、已知的事物结合起来，可以发现罕见的、非凡的、未知的事物。

思 维 课 堂

　　思想的力量是人类现存的一种重要力量，它引导人们走向成功。

　　每个人都是因为他思考问题的方式而成为现在的样子，人与人，民族与民族之所以彼此不同，仅仅是因为他们以不同的方式思考。

24

学会平衡

分解与产生，毁灭与革新，在一个无休无止的循环中是环环相扣的。

世间万物都有自己的周期。

保持平衡才能孕育出生命。

太阳光照耀大地。

阳光被树木、建筑、人吸收。

光并没有消失，而是转化为能量，达到了平衡。

第二十四课　　　学会平衡

图　说

有两个人，一个富贵体弱，一个贫穷强壮。

两人彼此羡慕。富人羡慕穷人健康，穷人羡慕富人的财富。

他们的心愿被一个神仙知道了，用换脑的方式让他们互换人生，富人一下一贫如洗，但有了健康；穷人从此富甲一方，变得体弱多病。

两个人过上了他们渴望的生活。

　　但变成富人的穷人，每天无所事事，胡思乱想，担心自己得了不治之症，在巨大的精神压力下，原本健康的身体又出现疾病。

　　那位变成穷人的富人，他想尽一切办法让自己过得舒服一些，于是开始努力工作，好心态也带来了好体魄，慢慢地，身体又强壮起来。

　　两个人的结局是：虽然经历了种种，但最终还是回到了自己最初的样子。

　　所以世界就是一个天平，你每拥有一件东西，就要为你拥有它而付出代价。

　　而与之相应的，你每失去一件东西，也会因你的失去而重新收获。

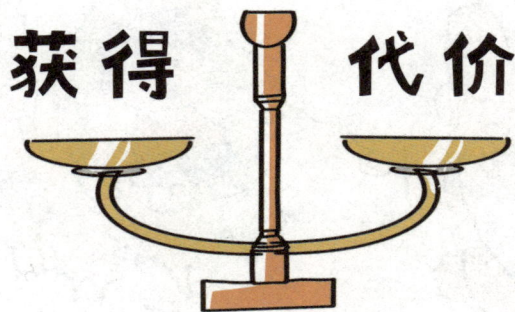

①

人类长期处在食物链的顶端，早就打破了自然的平衡。

世界上的平衡都是偶然促成的，没有规律可循，且离我们的生活太远。

②

③

掌握自然的平衡规律对我们有什么好处？

　　世间万物皆有其诞生、成长、结果和衰亡的周期，所有的循环都受周期规律的控制。在任何地方出现了多少能量，则意味着在其他地方消失了多少物质或能量，这让我们懂得，我们有舍才能有得，一味地索取而拒绝付出就会打乱自然界的平衡。

1. 分解与产生，毁灭与革新，在一个无休无止的循环中是环环相扣的。人死了之后埋入土里，重新分解成细微粒子，我们所吃的食物，所呼吸的空气中都是组成整个宇宙的微粒。

2. 生活的正常周期，必须依据理性的、科学的时间表去改变和适应。

思 维 课 堂

生命在于成长，成长在于改变。

大自然一直在试图制造平衡，根据这一规律，我们发现了连续不断地作用与反作用。

宇宙中物质都经历了这些变化与循环，人类也部分地参与了这些变化与循环，它们没有终点，也不存在终点。